物理启蒙第一课

5分钟趣味物理实验

这就是固体

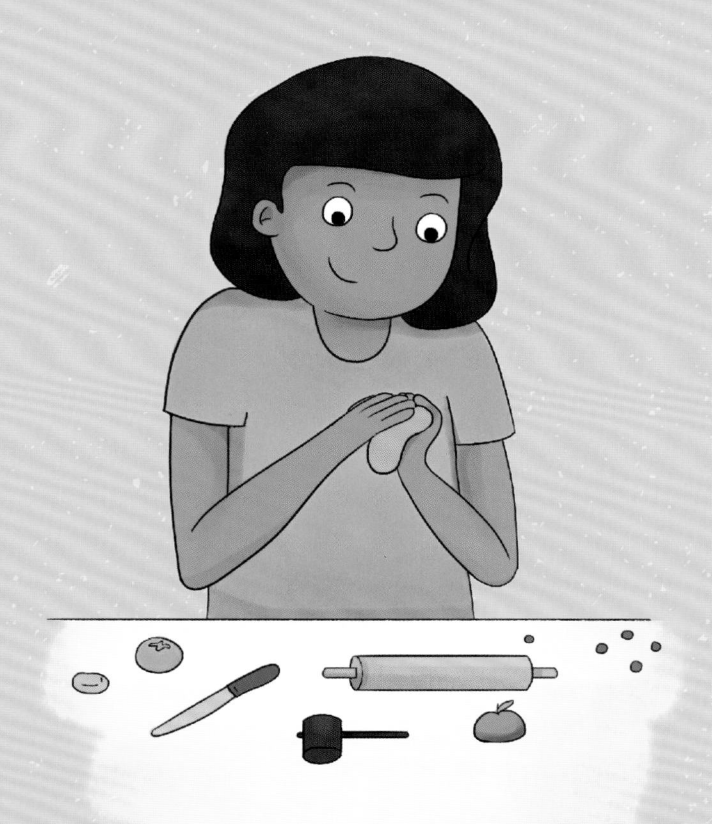

（英）杰奎·贝利（Jacqui Bailey）/ 著 朱芷萱 / 译

·北京·

BE A SCIENTIST INVESTIGATING SOLIDS by Jacqui Bailey

ISBN 9781526311283

北京市版权局著作权合同登记号：01-2021-5119

图书在版编目（CIP）数据

物理启蒙第一课：5 分钟趣味物理实验. 这就是固体 /（英）杰奎・贝利（Jacqui Bailey）著；朱芷萱译. — 北京：化学工业出版社，2021.9（2022.1重印）

ISBN 978-7-122-39447-7

Ⅰ.①物…　Ⅱ.①杰…　②朱…　Ⅲ. ①物理学—科学实验—儿童读物②固体物理学—科学实验—儿童读物　Ⅳ.①O4-33②O48-33

中国版本图书馆CIP数据核字（2021）第134330号

责任编辑：马冰初　　文字编辑：李锦侠

责任校对：边　涛　　装帧设计：与众设计

出版发行：化学工业出版社（北京市东城区青年湖南街 13 号　邮政编码 100011）

印　　装：北京宝隆世纪印刷有限公司

889mm × 1194mm　1/16　印张 10 1/2　字数 100 千字　2022 年 1 月北京第 1 版第 2 次印刷

购书咨询：010-64518888　　售后服务：010-64518899

网　　址：http：//www.cip.com.cn

凡购买本书，如有缺损质量问题，本社销售中心负责调换。

定　价：138.00 元（全 6 册）

目　录

走进固体的世界

物体是怎样分类的？

世间万物都是由材料构成的。材料可能是固体、液体或气体。

思维拓展

有哪些不同的材料？

- 水杯是固体，它有自己的形状。
- 水是液体，倒入容器中后会流动变成契合容器的形状。
- 空气是多种气体的混合物，气体没有形状，无法被人眼看到。

你能想到什么其他的固体、液体和气体吗？

固体	液体	气体

实验前的准备

铅笔和尺子

1张纸

这些材料分别属于哪一类？

1 用铅笔和尺子把纸分为三栏，第一栏是“固体”，第二栏是“液体”，第三栏是“气体”。

“

实验解答

有些固体容易变形，因为它们的材质柔软、容易弯折。还有些固体很难变形，因为它们的构成材料很坚硬，不容易被切割或打碎。

”

3 列出你用到的固体和改变其形状的方式。

2 哪些固体容易变形，哪些比较难？你觉得原因是什么？

液体和固体！

液体和固体有时可能表现得很相似。

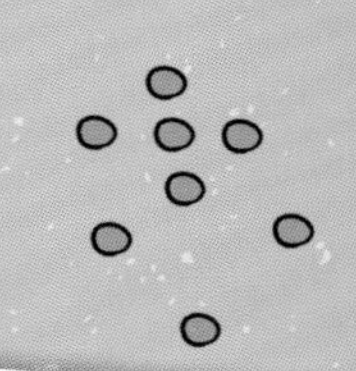

思维拓展

把牛奶从瓶子里倒入杯中时会发生什么？

• 牛奶可以被倒出来。

• 牛奶会流动变成契合盛放它的容器的形状。

固体也会像液体这样吗？

实验前的准备

1杯水

1个大碗

1罐糖浆

1个勺子

盛放着不同大小固体（如：盛放西红柿，面粉，小石子，豌豆）的碟子

你能倒出固体吗？

1 倾倒水杯，将水倒入碗中。发生了什么？

2 把碗擦净晾干，倒入1勺糖浆。倒糖浆与倒水有何不同？

3 逐次把每个碟子里的固体倒入碗中，每倒完一样取出后都要把碗清洗干净。

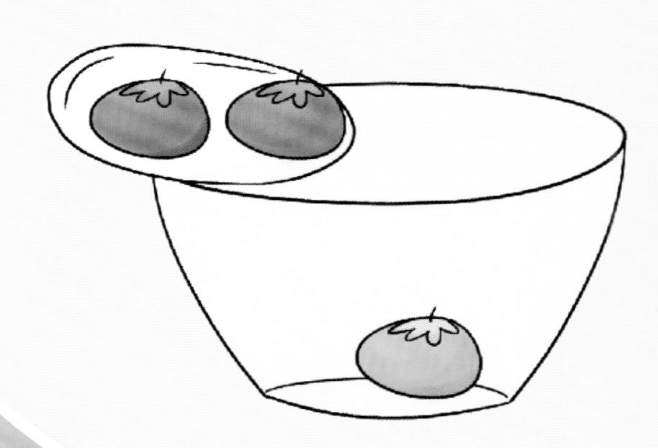

4 固体倾倒的过程与水和糖浆相比有何不同？

“

实验解答

西红柿不像水一样会从盘中倾泻出去，因为每个西红柿都是一团独立的材料。石子、豌豆和面粉看似流出去了，但只是因为颗粒很小，众多小颗粒同时掉入了碗中。接触碗底时每个颗粒本身的形状并未改变。液体被倒入碗中时，即便是像糖浆这样黏稠的液体也会流淌开来，在碗底累积成水平的表面。

”

液体能变成固体吗？

液体可以变为固体。

实验前的准备

几个空的小酸奶罐

1盒果汁

铝箔

剪刀

雪糕棒

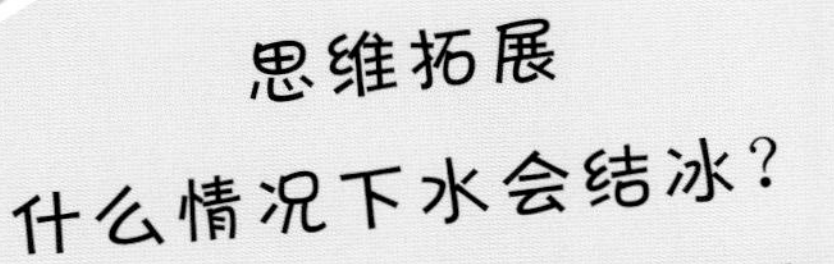

思维拓展

什么情况下水会结冰？

- 天很冷时，水洼和池塘中的水会结冰。
- 有时天气太冷，空气中的水滴都会冻结成雪。

如何将液体变为固体？

如何把液体变为固体？

1 用果汁装满每个酸奶罐的三分之二。

2 剪下方形铝箔，像盖子一样盖在每个酸奶罐的顶部。

3 小心地用剪刀在每个铝箔盖的正中戳出小洞，轻轻地把雪糕棒插进罐中。

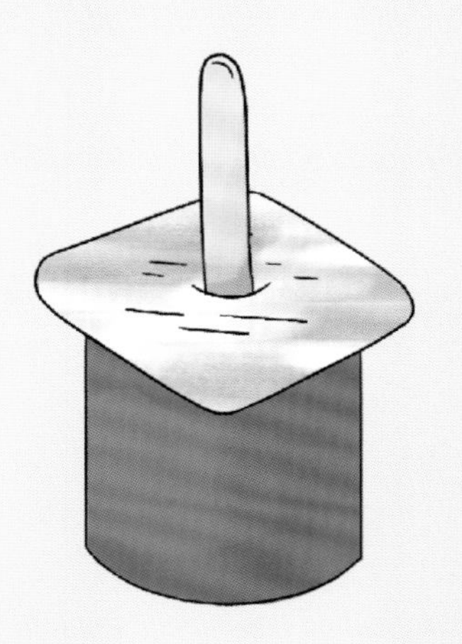

4 把酸奶罐放入冰箱冷冻几小时，确保酸奶罐不倒下。再次取出时果汁变成什么样了？

“

实验解答

果汁变成了固体，因为冰箱的冷冻室使其温度降得很低。所有液体都会在温度足够低时变为固体。液体变成固体的温度叫作凝固点。不同的液体凝固点不同。

”

固体能变成液体吗？

固体可以变为液体。

思维拓展

固体如何熔（融）化变成液体？

- 冰棒从冰箱中拿出来后会融化。
- 巧克力握在手心也会熔化。

怎样将固体变为液体呢？

实验前的准备

铅笔和尺子

1张纸

一些测试用的固体

（如：冰块，黄油块，

巧克力，蜡烛）

4个碟子

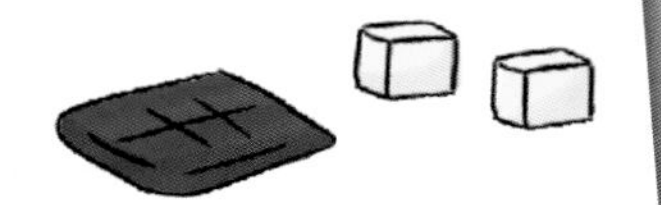

1 如何把固体变为液体？

列出下图所示的表格。

	冰块	黄油	巧克力	蜡烛
10分钟				
20分钟				
30分钟				
40分钟				

“

实验解答

冰块融化得最快，因为它的熔点最低——熔点指固体熔（融）化为液体的温度。黄油和巧克力的熔点更高，所以熔化所需时间更长。蜡烛并未熔化，因为室温不够高。请大人帮忙点燃蜡烛，观察发生了什么。

”

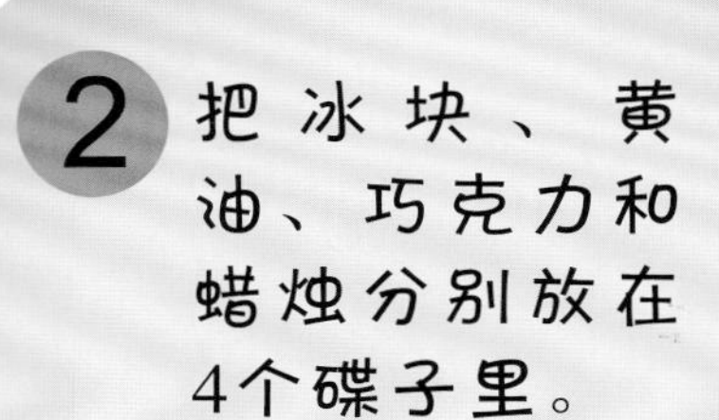

2 把冰块、黄油、巧克力和蜡烛分别放在4个碟子里。

3 把碟子摆在温暖的地方，比如阳光照射的窗台上。

4 在接下来的30～40分钟内每隔10分钟观察一次，在表格中记录下碟子里固体的情况。

混合的固体可以分离吗？

多种混合在一起的固体可以分离。

思维拓展

有些食物是多种固体混合而成的。

- 什锦麦片由燕麦、坚果和葡萄干等混合而成
- 把西红柿、黄瓜和生菜混合在一起可以做成沙拉。

混合起来的固体可以再被分离出来吗？

实验前的准备

两个大碗

干意面、脱水豆子、燕麦、葡萄干、白砂糖、面粉各1杯

1个滤锅

1个面粉筛

如何分离固体？

1 把所有固体放进一个碗里混合起来。混合物看起来是什么样子的？你还能分辨出每种固体吗？

2 把混合物倒入滤锅，滤进另一个碗里。发生了什么？

3 取走滤锅，把碗里的东西倒入面粉筛，筛进空碗中。又发生了什么？

4 哪些固体留在了滤锅里？哪些固体留在了面粉筛里？碗里还剩下哪些固体？

“

实验解答

混合物通过滤锅时，有些固体留在了滤锅中。这是因为它们的体积太大，无法通过滤锅的小孔。筛下去的混合物通过面粉筛时只有面粉和白砂糖颗粒的体积够小，可以自由通过面粉筛的小孔。如果面粉筛上的孔洞足够小，你也可以用这种方法把面粉和白砂糖分离。

”

固液混合！

与液体混合时固体可能会发生变化。

思维拓展

液体与固体混合时会发生什么？

- 土与水混合就变成了泥。
- 把色粉和水混合就得到了液体颜料。

液体还能使固体发生哪些变化？

液体如何改变固体？

1 把面粉倒入碗里。你能把面粉塑造成小方块吗？

“

实验解答

面粉一类的粉末在干燥时很难塑形，因为小颗粒会不断滑动脱落。当面粉加水变潮湿后，小颗粒都粘在了一起，这时就可以挤压塑形了。此时继续加水，塑造好的形状又会崩塌，颗粒分散开来，漂浮在液体中。

”

2 往面粉里加入几茶匙的水，用叉子充分搅拌。面粉发生了什么变化？现在你能给它塑形了吗？

3 再多加一些水，不停搅拌。现在发生了什么？

溶解固体！

有些固体可以很充分地与液体混合，以至于在液体中它们似乎就消失了。我们称这种情况为固体的溶解。

实验前的准备

铅笔和尺子

1张纸

1罐水

一些空玻璃杯

一些测试材料（如：盐，豌豆，意面，土，色粉，糖，速溶咖啡，沙子，面粉）

1个茶匙

思维拓展

往饮料里加糖会发生什么？

- 往热饮中加糖再搅拌，糖会溶解消失。糖是可溶的。

还有哪些固体是可溶的？

固体如何溶解？

1 用铅笔和尺子将纸划分为三栏，分别命名为“材料”“猜想”和“结果”。

材料	猜想	结果
盐	✓	
豌豆	✗	

2 在第一栏中列出所有测试材料。在第二栏中为你觉得会溶解的材料打勾。

3 向每个水杯中倒半杯水。分别把一茶匙的测试材料浸入每个水杯中并搅拌。

4 每个杯子里的固体产生了什么变化？在“结果”栏里为溶解了的材料打勾。你猜对了几个？

“

实验解答

有些固体遇水溶解。它们被分解成了极微小的颗粒均匀地分散到水中，肉眼看不见了。

有些固体呈颗粒状散布漂浮在水中，使水变得浑浊。这些固体并未溶解，但颗粒很轻，所以会在水中漂浮一阵，最终会沉淀到杯底，水就会再次变得清澈。我们称这些材料不可溶。

体积大、重量沉的固体会直接沉在杯底，完全不会和水混合。这些固体也是不可溶的。

”

固液分离！

一些固体比其他固体更难从液体中被分离出来。

实验前的准备

1汤匙温水

1个碟子

1茶匙盐

思维拓展

煮意面时会发生什么？

• 我们煮好意面后会将其倒入滤锅中滤掉水，然后才开始食用。意面是不可溶的，所以可以通过过滤从水中被分离出来。

溶解掉的固体如何从水中分离？

如何分离已溶解的固体？

1 把温水倒在碟子里。

2 把盐加入水中，搅拌直至完全溶解。

3 把碟子放在暖气旁或者太阳直射处，静置4小时左右。再次观察，有什么变化？

“

实验解答

碟子中的水逐渐消失，最后只剩下了固体的盐粒。这是因为水蒸发了——暖气或太阳的热量使水变成了气体，升入了空气中。通过蒸发，我们可以将已经溶解的固体从液体中分离出来。

”

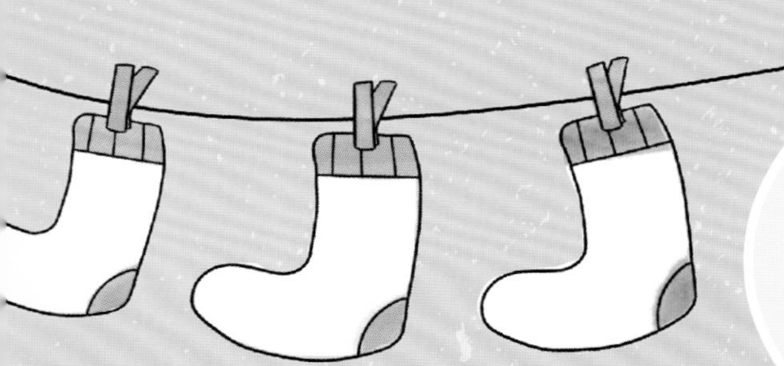

想一想

在阳光明媚的日子里洗晾衣服，衣服是如何变干的？

• 温暖的阳光蒸发掉了湿衣服里面的水分，令衣服变干了。

固体加热和冷却后有什么变化？

固体加热后会熔（融）化成液体，
冷却后又会凝固（变回固体）。

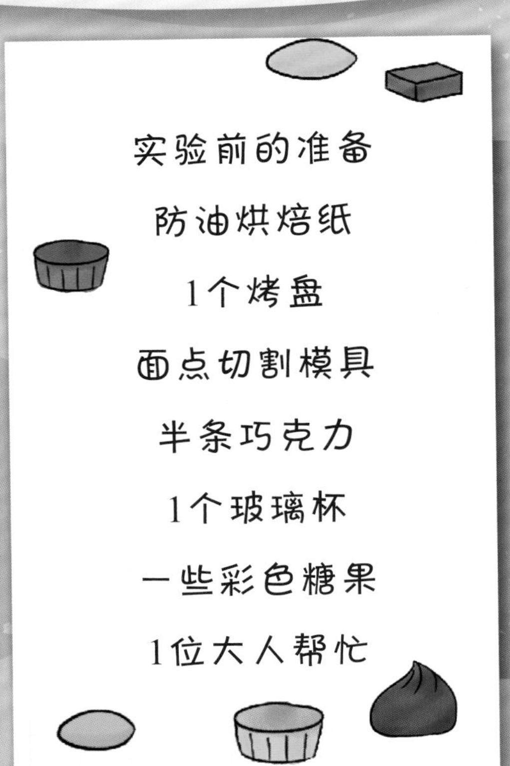

实验前的准备

防油烘焙纸

1个烤盘

面点切割模具

半条巧克力

1个玻璃杯

一些彩色糖果

1位大人帮忙

思维拓展

如何给巧克力塑形？

- 加热巧克力，直到它熔化成液体。
- 液体巧克力可以被倒进模具中。
- 冷却后，巧克力就会变成模具的形状。

你能通过加热和冷却改变固体巧克力的形状吗？

加热如何改变固体的形状？

1 把烘焙纸覆盖在烤盘上。把面点模具放在烘焙纸上，有波浪边缘的一面向下。

2 将巧克力掰成小块，放进杯子。请大人帮忙用微波炉或火炉将巧克力熔化成液体。

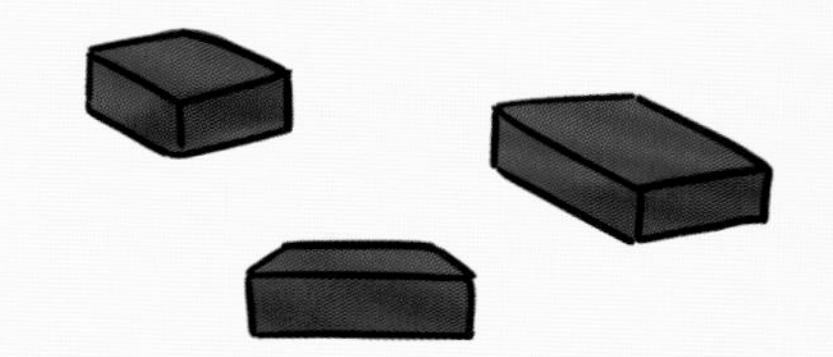

3 将巧克力液倒进模具，深度大约0.5厘米。

4 把烤盘放进冰箱，等巧克力稍微凝固一些，用彩色糖果装饰巧克力，再放回冰箱中。

5 巧克力完全定型后，轻轻地把它从模具中推出来。现在巧克力是什么形状？

“

实验解答

巧克力加热后熔化成液体。液态的巧克力可以被倒进模具中。液体冷却后，巧克力又变回了固体，但不会变回之前的方块形状，而是凝固成了模具的形状。

”

形态是永久改变的吗？

有些材料可以被一遍遍地熔（融）化后再凝固，这是可逆变化。还有一些材料只能经历一次这样的变化。

实验前的准备

1位大人帮忙

150克软黄油

150克白砂糖

1个搅拌钵

1把木勺子

1汤匙牛奶

1茶匙糖浆

1茶匙小苏打

150克中筋面粉

125克燕麦片

1个抹油的烤盘

思维拓展

固体和液体如何转化？

黄油在室温下是固体，加热后会熔化，冷却后又会变回固体。生鸡蛋在室温下是液体，加热后变为固体，但再次冷却后却不会再变回液体。加热如何使某些固体产生永久性的变化？

热量如何改变固体的形状？

1 请大人帮忙把烤箱预热到150℃。将黄油和白砂糖放在碗中搅拌使体积膨大呈奶油状。边搅拌边倒入牛奶、糖浆和小苏打。

“

实验解答

面团被烤箱加热后，所有原料彻底熔化并彼此完全混合，无法再单独分离。混合物成为了一种新的固体。这个过程是不可逆的。

”

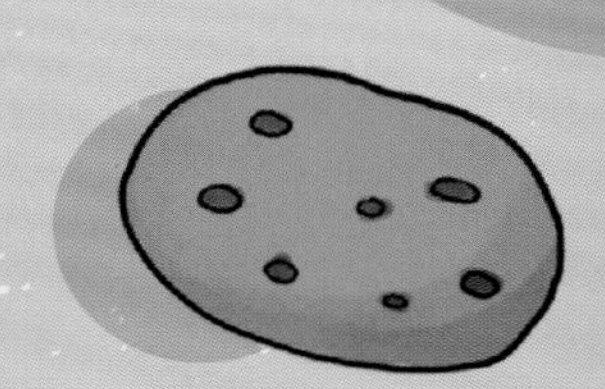

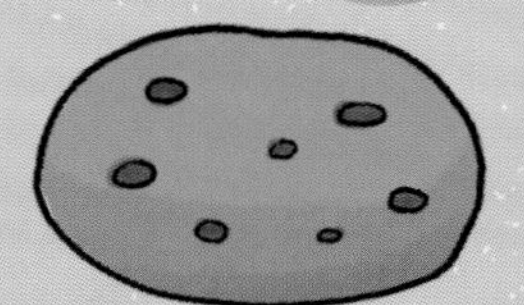

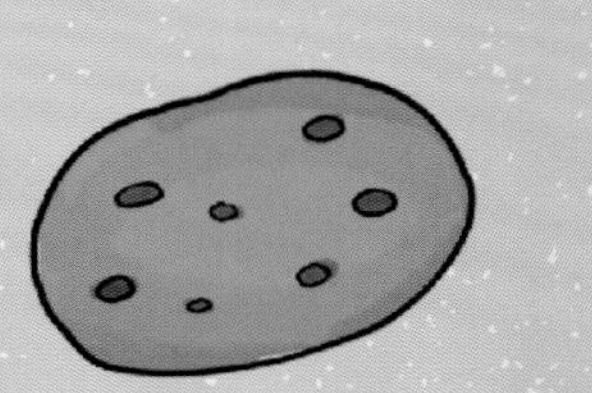

4 请大人帮忙把烤盘放入烤箱，烤制20～25分钟，烤成棕黄色，取出放凉。

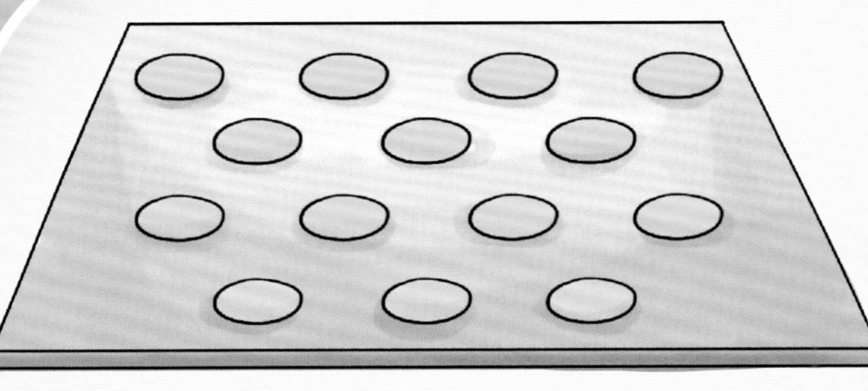

3 把大面团切分成小球，放入烤盘，保持每个小球间有一定的距离。

2 将中筋面粉和燕麦片搅拌进去，做成面团。

科学名词

溶解
溶解是指固体被分解成极细微的颗粒，均匀地分散到液体溶剂中，消失不见。

蒸发
蒸发是指液体加热后变为气体。太阳下的水洼逐渐干涸，就是因为里面的水蒸发了。

冻结
冻结指温度极低时液体变为固体。

凝固点
凝固点指的是液体变为固体时的温度。不同的液体凝固点不同。水在标准大气压下的凝固点是0℃。

可逆变化
可逆变化是指材料发生变化后还可以再变回原来的状态。比如水和巧克力，就可以反复熔（融）化、反复凝固。

不可逆变化
不可逆变化是指材料发生变化后不能再变回原来的状态。

液体
液体是能随意变形的材料。它们流动并契合任何盛放它们的容器的形状。

熔（融）化
熔（融）化是指固体受热后变成液体。比如当巧克力被加热后就会熔化成液态巧克力。

熔点
熔点是指固体变为液体时的温度。

不可溶
一些固体不会在液体中溶解。有些液体也是不可溶的，比如油不溶于水。

凝固
凝固是指液体变为固体。

固体
固体是自身有固定形状的材料。只有受到外界影响（如外力作用、加热）时它们的形状才会改变。

可溶
一些材料可以在液体中溶解，就好像消失不见一样。

温度
温度是物体冷热程度的衡量尺度。温度有多种表示标准，其中一种是摄氏温标。

水
水既可以是液态、固态，也可以是气态。水是液态时可以倒入容器中并契合容器的形状。温度降到0℃时，水会冻结成固态的冰。温度升到0℃以上时，冰会融化，变回液态的水。0℃就是冰的熔点。液态水温度升得极高时会沸腾并化作水蒸气。水蒸气是一种气体，通常很烫，所以不要把手放在沸腾的水的上方。

气体
气体是没有固定形状的物质形态。气体扩散开来会充满所在空间。空气是由多种气体混合而成的。